GÉODÉSIE

D'UNE PARTIE

DE LA HAUTE ÉTHIOPIE,

PAR ANTOINE D'ABBADIE,

REVUE ET RÉDIGÉE PAR RODOLPHE RADAU.

RÉSUMÉ GÉODÉSIQUE

DES POSITIONS DÉTERMINÉES EN ÉTHIOPIE,

PAR ANTOINE D'ABBADIE.

COMPTE RENDU

extrait des Nouvelles Annales des Voyages de décembre 1860.

PARIS,

ARTHUS BERTRAND, ÉDITEUR,

LIBRAIRE DE LA SOCIÉTÉ DE GÉOGRAPHIE,

21, RUE HAUTEFEUILLE.

1861

NOUVELLES ANNALES DES VOYAGES,

DE LA GÉOGRAPHIE ET DE L'HISTOIRE,

SIXIÈME SÉRIE, RÉDIGÉE

PAR M. V. A. MALTE-BRUN,

MEMBRE DE LA COMMISSION CENTRALE DE LA SOCIÉTÉ DE GÉOGRAPHIE DE PARIS,
MEMBRE CORRESPONDANT DE LA SOCIÉTÉ IMPÉRIALE GÉOGRAPHIQUE DE RUSSIE,
MEMBRE DE LA SOCIÉTÉ GÉOGRAPHIQUE DE BERLIN,
MEMBRE CORRESPONDANT DE LA SOCIÉTÉ ROYALE GÉOGRAPHIQUE DE LONDRES,
MEMBRE CORRESPONDANT DE LA SOCIÉTÉ I. R. GÉOGRAPHIQUE DE VIENNE, ETC.

avec la collaboration

DE PLUSIEURS SAVANTS ET DE MEMBRES DE L'INSTITUT.

Il paraît régulièrement le premier de chaque mois un cahier de 8 à 9 feuilles; les 12 cahiers réunis forment 4 beaux volumes in-8° ornés de cartes, vues et plans.

Cette nouvelle série comprend, dans chaque cahier:

1º Une ou plusieurs relations inédites et des mémoires originaux, accompagnés de cartes ou de plans toutes les fois que le sujet l'exige;

2º L'analyse et des extraits ou des traductions partielles d'un ou de plusieurs ouvrages récents, français ou étrangers;

3º Un choix nombreux et varié de nouvelles géographiques présentant l'ensemble du mouvement géographique du mois, et d'articles divers, de notices, etc., parmi les plus piquants et les plus remarquables publiés par les recueils et par les journaux français, ou par les revues étrangères;

4º Le compte rendu des travaux de toutes les sociétés savantes de l'Europe en ce qui se rapporte aux sciences géographiques;

5º Une bibliographie très-complète de toutes les publications géographiques du mois.

Pour Paris. . . . . 30 fr.
Pour les départements . . . . 36 fr.
Pour l'étranger. . . . . 42 fr.

NOTA. On ne peut pas souscrire pour moins d'une année, qui doit toujours commencer avec le mois de janvier.

Les **NOUVELLES ANNALES DES VOYAGES,** une des plus anciennes revues scientifiques publiées en France, est la seule qui soit exclusivement consacrée aux sciences géographiques et historiques. Créées en 1808 par *Malte-Brun,* elles ont toujours continué à paraître sans interruption jusqu'à ce jour.

Chaque année forme 4 forts volumes in-8° et un ouvrage complet qui représente fidèlement le mouvement des nouvelles, ainsi que des explorations géographiques de l'année.

Des cartes spéciales, exécutées avec le plus grand soin, tiennent toujours le lecteur au courant des changements et des découvertes les plus récentes.

Paris. — Imprimé par E. THUNOT et Cᵉ, 26, rue Racine.

GÉODÉSIE

D'UNE PARTIE DE LA HAUTE ÉTHIOPIE,

PAR ANTOINE D'ABBADIE,

Revue et corrigée par Rodolphe Radau (1).

—

RÉSUMÉ GÉODÉSIQUE

DES POSITIONS DÉTERMINÉES EN ÉTHIOPIE,

Par Antoine d'Abbadie (2).

———

Il y a déjà onze ans que l'intrépide explorateur auquel nous devons la première géographie de la Haute-Éthiopie, est de retour de sa longue et périlleuse entreprise. Pendant le cours de ses deux voyages (de 1837 à 1839 et de 1839 à 1849) il envoya en France et en Angleterre de nombreuses communications isolées sur les observations astronomiques auxquelles il s'était livré dans ces pays barbares, et au milieu de dangers et d'obstacles prévus, mais inévitables. En même temps ses lettres, imprimées dans les Bulletins de notre Société de géographie, dans l'Athenæum anglais, et dans d'autres journaux scientifiques, ont contribué à éclaircir plusieurs points importants de l'histoire d'Éthiopie, des questions d'anthropologie, de culte, de linguistique et de sta-

(1) Premier fascicule. — Paris, Benjamin Duprat, 1860.
(2) Leipzig, Brockhaus, 1859.

tistique. Mais l'ensemble des résultats de ces travaux grandioses, presque uniques dans les annales
des voyages, si l'on considère qu'ils ont été faits par
un seul homme, l'ensemble de ces observations, et
pour ainsi dire, leur histoire, n'avait pas encore vu le
jour ; nous sommes vraiment heureux d'en voir enfin paraître une portion importante. On conçoit que
la publication de ces riches matériaux ait pu se re-
tarder si longtemps : des calculs d'astronomie ne se
font pas comme on fait des premiers Paris, et nous
n'en sommes point encore aux temps heureux où les
imprimeurs se disputeront les ouvrages scientifiques
pour les éditer à leurs frais.

Les œuvres de cette taille sont des monuments gi-
gantesques et impérissables que s'érigent leurs au-
teurs ; les critiquer, c'est apprendre à les apprécier;
et si nous avons entrepris de rendre compte de ce
que nous avons sous nos yeux, c'était plutôt dans le
but de nous familiariser nous-mêmes aussi bien que
nos lecteurs avec la construction et la disposition in-
time de ce travail original, que dans l'intention de
nous faire les censeurs des méthodes employées ou
des résultats qui ont été obtenus, certain d'avance
que s'il y a des choses qui manquent, des parties
incomplètes, il s'en trouvera sans peine l'excuse
dans les circonstances difficiles et exceptionnelles
où ces observations ont nécessairement dû être
faites.

La première partie de la *Géodésie d'Éthiopie* em-
brasse la description des instruments dont M. d'Ab-

badie s'était muni en partant, et qui ont servi à in-
stituer ses observations d'astronomie ou d'arpentage:
théodolites, sextants, cercles à réflexion, lunettes,
chronomètres, hypsomètres, boussoles, etc., et tout
le contenu de sa trousse de voyage ; les observations
géodésiques elles-mêmes, les méthodes qui ont servi
à les réduire, les tables auxiliaires construites ex-
près pour abréger ces longs calculs et pour servir
aux voyageurs à venir, enfin les résultats bruts des
observations, c'est-à-dire les latitudes, les longitudes, les altitudes hypsométriques, les azimuts
vrais avec les distances et les angles d'élévation dans
la plupart des cas, les petites bases ou distances de
deux points qui ont été déterminées par la vitesse
du son, etc. Ces résultats ont été rangés par ordre
alphabétique des stations d'observation, et sont toujours discutés sous le rapport de leur exactitude probable, de leur portée, de leur accord avec les données antérieures et isolées des voyageurs qui ont mis
le pied sur le sol brûlant de l'Abyssinie.

D'après le sommaire très-succinct qui est joint à
ce premier fascicule, la seconde partie de l'ouvrage
renfermera les méthodes auxquelles on a eu recours
pour la construction des cartes, c'est-à-dire, d'un
côté le procédé employé pour les dresser et pour les
dessiner dans la projection de Mercator, de l'autre
côté la manière dont on a déterminé l'immense ré-
seau des positions géographiques obtenues par la
combinaison des coordonnées absolues qui résultent
d'observations directes, avec les angles de gisement

et d'élévation relative que M. d'Abbadie comprend sous le titre de *tours d'horizon*. Cette seconde moitié nous donnera, en outre, la discussion des quatre cartes spéciales du Tigray, du Bagemidir, du Gojjam et du Grand-Damot, ces cartes elles-mêmes, et les profils de montagnes ou croquis de leurs contours, auxiliaires précieux qui ont facilité la jonction et, pour ainsi dire, l'encastrement définitif des relèvements de signaux naturels.

Malheureusement, la préface de la *Géodésie d'Éthiopie* ne viendra qu'avec le second fascicule ; nous aurions pu y puiser des renseignements et des explications sur bien des points, sur la nature intrinsèque des matériaux placés sous nos yeux, et surtout sur l'économie de leur publication actuelle. Faute de mieux, nous nous en tiendrons à la préface du *Résumé géodésique* publié provisoirement comme précurseur de l'ouvrage dont il est destiné à former maintenant la fin. L'auteur y indique le caractère distinctif de sa méthode d'opération qu'il appelle *géodésie expéditive*. M. Daussy, en introduisant dans le tableau de positions géographiques de la *Connaissance des temps* pour 1862 un certain nombre de points déterminés par M. d'Abbadie, déclare que cette méthode permet d'accorder à ses résultats une grande confiance ; il nous semble donc qu'un exposé rapide des procédés mis en usage par M. d'Abbadie, d'après ce qu'il en a dit dans la préface du *Résumé*, pourra offrir à nos lecteurs quelque intérêt.

Ce qui a permis à notre voyageur infatigable, de

porter une suite liée de triangles du bord de la mer
Rouge jusqu'aux confins du pays inconnu de Kaffa,
c'est l'emploi, imaginé par lui, des *signaux naturels*,
tels que pics saillants de montagnes, cimes de gros
arbres, tours ou faîtes de fortins isolés, de palais ou
de masara (maisons royales), bosquets sacrés des
églises qui ne sont, en général, dans ces pays que
des huttes en bois entourées d'arbres séculaires,
angles saillants de précipices, bords des îles, des
lacs, baies et criques, etc., etc., enfin tous les objets
remarquables, faciles à définir et commodes à iden-
tifier de différents côtés, qui constituent l'horizon
de l'observateur isolé. Il est clair, d'abord, que dans
une entreprise aussi aventureuse, aussi sujette au
hasard, auxiliaire capricieux et perfide, aussi semée
enfin de situations imprévues et embarrassantes,
que l'est un voyage en Abyssinie, les observations
ne se feront pas à la manière ordinaire, en usage
dans nos contrées policées. Le voyageur devra
planter son alt-azimut ou son hypsomètre dans toutes
les stations qu'il trouve fortuitement à l'abri de la
foule curieuse et souvent ombrageuse, des bêtes
fauves peu respectueuses pour la science, et enfin des
injures du temps; il verra trop souvent sa peine per-
due, son travail interrompu ou gêné et, par suite,
inexact malgré toutes ses précautions. Pressé par le
temps inexorable, inquiété par des dangers immi-
nents, il saisira au vol les instants qu'il pourra mettre
à profit pour enrichir la page de l'avoir dans ses manuscrits à double tenue, et, bien à regret, il quittera

tel point fait pour des observations géodésiques, sans pouvoir biffer une ligne du doit.

Il ne faut pas s'imaginer qu'un bon instrument est tout ce qu'il faut pour observer en Éthiopie, une fois qu'on est parvenu à pénétrer dans ces pays. Cela ne suffit pas même toujours en Europe, tant s'en faut. Allez donc étudier la situation d'une forteresse du Rhin, avec des graphomètres et le reste du bagage des arpenteurs! Les sentinelles vous donneront sur la liberté de l'art de singuliers éclaircissements. Il n'en est pas autrement dans les pays semi-barbares de l'Afrique : il va écrire le pays! c'est là le cri général de défiance et d'accusation qui s'élève contre l'imprudent touriste qui voudrait ouvertement et naïvement étaler ses appareils scientifiques. Bien pis, l'éclat métallique de ces beaux instruments attire les mains avides des indigènes, on pourrait dire avec Homère :

..... αὐτὸς γὰρ ἐφέλκεται ἄνδρα σίδηρός.

Les montres surtout, ces *âmes de cuivre*, sont des trésors infiniment agréables aux yeux des brigands que le Nil abreuve, et il ne fait pas bon de les laisser miroiter à leurs regards homicides. Partant, bien des observations qu'on arrache à l'avare occasion, ou qu'on est obligé de faire à la sournoise comme un criminel qu'on est, en effet, aux yeux de la justice locale, ne présenteront pas cette certitude et cette perfection que nous sommes en droit d'exiger comme un devoir de nos astronomes installés dans des observatoires

commodes et respectés ; et ceux-là même se trouve-
raient souvent assez embarrassés si l'on voulait leur
faire payer une amende pour chaque observation
manquée et pour toute méprise. Il est bon d'insister,
une fois, sur la part qu'il faut faire aux circonstances
quand il s'agit de discuter le mérite d'observations
de voyage. La position individuelle de l'observateur,
la fatigue des yeux, l'épuisement des forces phy-
siques, et des préoccupations de toute sorte, doivent
être ajoutées aux considérations développées plus
haut, et l'on comprendra combien il est difficile d'obtenir en tout temps des résultats également précis
par l'usage d'instruments mobiles et souvent dé-
placés.

Ce que nous venons de dire avait pour but de si-
gnaler les inconvénients inséparables de la méthode
un peu primitive et sauvage de M. d'Abbadie; mais
hâtons-nous d'ajouter que ces difficultés mêmes ne
font qu'augmenter le mérite des résultats si ces derniers offrent encore la précision requise par l'usage
qu'on veut en faire. Et c'est là le cas de M. d'Abbadie. L'échelle de nos cartes permet rarement de
représenter une à deux minutes d'arc d'une manière
bien visible ; et pour le premier canevas d'un pays
non civilisé la minute d'arc nous paraît tout à fait
suffisante comme limite de la précision. Si donc les
résultats des déterminations qui se trouvent dans le
présent ouvrage, sont en général exacts à une demi-
minute près, c'est déjà tout ce qu'on peut demander,
et c'est même davantage.

Voici en quoi consiste la géodésie expéditive. En profitant des points de sa route d'où l'on commande un horizon étendu, le voyageur relève au théodolite les gisements ainsi que les distances zénitales ou apozénits, pour employer le mot de M. d'Abbadie, de tous les objets circonvoisins qui paraissent assez saillants pour fournir de bons signaux ; s'il se peut, l'on en estimera la distance, et l'on tâchera de faire des croquis de leurs contours, espèce de *vidimus* très-utile quand il s'agit plus tard de débrouiller les matériaux conquis. Ces observations se feront surtout le matin et le soir, parce qu'il est très-important de relever en même temps le soleil quand il est bas, afin d'obtenir, par son azimut vrai calculé, l'orientation des relèvements terrestres qui forment un tour d'horizon.

Si le ciel est couvert, mais qu'on puisse espérer de prolonger son séjour dans l'endroit où l'on vient d'observer, l'on peut attendre un jour serein pour observer le soleil après coup, et en répétant le relèvement d'un des signaux au moins, l'on aura le moyen d'orienter le reste de ses azimuts. On peut d'ailleurs aussi, faute de mieux, relever la lune ou une étoile comme astre orientateur ; mais il est nécessaire que ces objets célestes soient éloignés du méridien, parce que les hauteurs changent trop lentement près de la culmination pour qu'on puisse en déduire avec quelque certitude l'azimut vrai, tandis qu'au voisinage du premier vertical, c'est-à-dire peu avant le coucher ou après le lever, le soleil et la lune montent ou s'abaissent plus rapidement, de manière que leur hauteur observée donne l'azimut vrai, même sans connaître l'heure de l'observation. Si l'horizon est terminé par une surface d'eau, l'on pourrait aussi orienter ses angles par l'observation de l'azimut du soleil levant ou couchant. Si, par malheur, tous ces moyens sont exclus par les circonstances, on obtiendra le point du nord ou du sud approximativement par la boussole, qu'il est bon d'ailleurs de regarder toujours plusieurs fois pendant qu'on fait un tour d'horizon, afin de vérifier la déclinaison magnétique.

La meilleure méthode de trouver la direction du méridien, paraît d'ailleurs être celle que M. d'Abbadie propose sous la désignation de *méthode des azimuts correspondants*, mais qu'il n'a pas encore, que nous sachions, employée en Éthiopie. Elle consiste à observer le matin et le soir, des deux côtés du méridien, l'azimut et l'apozénit du soleil à des hauteurs égales ; en comptant alors l'azimut du matin et celui du soir à partir d'un même signal terrestre, on n'a qu'à prendre leur moyenne pour avoir le point du sud. Cette méthode, qui n'exige guère de calcul, est d'autant plus avantageuse qu'elle fournit aussi l'état du chronomètre par les hauteurs correspondantes (ou apozénits correspondants) du soleil, et même, avec une certaine approximation, la latitude. Il n'est même pas besoin de faire les observations correspondantes le même jour, on peut laisser entre les deux séries plusieurs jours d'intervalle. Des tables

très-compendieuses que M. Radau a déjà publiées
dans les *Astronomische Nachrichten*, servent à trouver la petite correction exigée par cette méthode, et
en même temps à trouver la correction du midi vrai
obtenu par les hauteurs correspondantes du soleil.
L'instant du midi vrai en temps du chronomètre,
ou bien l'angle horaire du soleil pour une heure observée au garde-temps, c'est là ce qu'il faut encore
tâcher d'obtenir en prenant des hauteurs du soleil,
au théodolite ou au sextant ; on en déduit l'état et
la marche du chronomètre par rapport au temps
moyen du lieu. Mais pour calculer l'angle horaire
ou l'azimut de l'astre radieux au moyen de hauteurs
isolées (non correspondantes), il faut toujours connaître d'avance la latitude géographique ; elle s'ob-
tient par les hauteurs méridiennes ou circumméridiennes des astres. Cependant, il faut, en général,
réciproquement connaître l'heure moyenne pour
réduire ces observations de latitude ; l'on voit donc
que ces opérations sont corrélatives et qu'on ne
peut que rarement les calculer immédiatement ;
il faut attendre qu'on puisse obtenir les données
complètes du calcul par d'autres procédés dont nous
parlerons tout à l'heure. Il est donc très-important
de connaître une méthode de calcul qui donne la latitude sans l'aide du chronomètre ; d'autant plus
qu'on n'est jamais sûr de conserver sa montre, instrument si facile à déranger et dont on peut même se
voir passagèrement privé. Cette méthode se trouve
exposée à la page 46 de la *Géodésie d'Éthiopie.*

Nous avons maintenant indiqué les trois premiers
éléments principaux qu'il faut rassembler en profitant des occasions d'observer le ciel ou la terre ;
l'état du chronomètre, des latitudes, et des gisements, combinés avec les distances zénitales des signaux. L'état exact du garde-temps est, avant tout,
nécessaire pour observer la longitude, quatrième
élément important sur lequel nous reviendrons plus
en détail. Deux bonnes latitudes, différentes de
trente minutes jusqu'à un degré, et combinées avec
un gisement réciproque, suffisent pour former la
base d'une carte. Après avoir établi ces deux points,
l'on procède à tracer dans le canevas les azimuts ob-
servés en ces stations, car il est bien entendu qu'on
choisira des stations de latitudes qui seront en même
temps des stations de tours d'horizon. Les points
d'entre-croisement des trajectoires qui se rapportent
à un même signal, en fourniront la position au moins
approchée. Les points nouveaux établis de cette façon, soit qu'ils aient été des stations, à leur tour,
soit qu'ils aient été relevés de quelques autres stations, serviront à fixer encore une série de points,
et ainsi de suite. Parfois, on aura l'occasion de sta-
tionner dans deux endroits peu éloignés l'un de
l'autre, on pourra les relier en mesurant directement
leur distance, par la vitesse de propagation du son par
exemple, comme l'a fait M. d'Abbadie dans cinq cas
différents ; (ce moyen avait été proposé et discuté par
M. Chazallon.) Faute de mieux, il sera quelquefois
possible de mesurer de petites distances au pas, ou par

la portée d'un fusil, etc. Ces données accessoires, ainsi
que les renseignements des indigènes, les estimes à
vue, les relèvements à la boussole, aideront toujours
à remplir la carte et à l'enrichir des détails néces-
saires. Quand les matériaux qu'on aura gagnés par
ces opérations variées, se trouveront assez complets,
l'on aura pour la plupart de ses points plusieurs vé-
rifications distinctes ; la discussion approfondie de
l'ensemble des observations et des constructions fera
alors connaître la position la plus probable des montagnes, villes, églises, îles et promontoires qui fi-
gurent dans la carte du pays.

Mais l'on doit comprendre aussi combien il serait
absurde de demander à un voyageur qu'il puisse fournir dès l'abord les coordonnées géographiques des
points où il aura séjourné, et qu'il ne revienne pas
sur les résultats qu'il aura obtenus en route, en
calculant quelques observations toutes chaudes à
l'ombre de la tente hospitalière de quelque ami in-
digène, et l'œil sur le messager qui devait emporter
ses lettres avec les nouvelles destinées au pays lointain. Il est triste que nous soyons forcés d'entrer
dans ces détails pour répondre à une attaque aussi
injuste que futile, et partie de l'autre côté du Dé-
troit. En se fondant sur une position erronée que
M. d'Abbadie envoya en Europe en 1843, on s'est
empressé d'émettre des doutes sur la réalité de son
premier voyage en Inarya. Pour notre propre sa-
tisfaction, et pour rendre justice à qui elle est due,
nous avons examiné les objections du voyageur an-

glais, et l'on verra par ce qui suit, à quoi elles se
réduisent. M. d'Abbadie voulut estimer la longitude de Saqa, capitale du roi de Inarya ou Enarea.
Ses distances lunaires, qu'il ne pouvait calculer
sans éphémérides, ne disaient évidemment rien sur
ce point. La seule longitude absolue qu'il pouvait
employer était celle de la source de l'Abbay, qu'il
prit égale à 34° 40', en augmentant de 5' la donnée originale de Bruce, parce qu'il pressentait
qu'elle était trop faible (cette longitude est, en effet,
de 34° 52' d'après le *Résumé géodésique*). Par une
construction provisoire, M. d'Abbadie avait lié le
promontoire de Gurem, près Yajibe en Gojjam,
avec la source Gish Abbay ; de Gurem il avait ob-
servé l'azimut du pic isolé Tullu Amara en Damot,
et le trouva = 39° 30' S.-O.; plus tard, il put en
fixer la latitude par une observation directe, faite
dans le voisinage immédiat de cette montagne sa-
crée. En prolongeant ensuite la ligne visuelle de Gurem par Amara jusqu'à Saqa, parce que la route de
Gurem à Saqa passe tout près du mont Amara, il
trouva que le parallèle de la latitude observée à
Saqa était coupé par cette trajectoire à 33° 40' environ. Or, cette longitude de Saqa est en erreur de
58' en arc, de près d'un degré. Mais voici comment
cette erreur a été produite. On trouve à la page 173
que M. d'Abbadie, après avoir bien identifié le
mont Amara, en le longeant de près pendant son
premier voyage à Saqa, l'orientait de Gurem par
un angle dont la réduction donne 219° pour l'azi-

mut vrai. De plus, aux pages 200 et 201, on voit
que de Dogom, lieu près de Gurem, le mont Amara
était relevé par 205°, et le mont Balballa par 222°.
Ceci prouve que le nom de Tullu-Amara donné dans
les 3e, 4e et 7e relèvements de Gurem I (n° 117,
page 170) était adopté à tort, et que le pic relevé
n'était autre que le mont Balballa. C'est ce qu'on
voit avec la dernière certitude dans les *Azimuts
ordonnés* ou orientés que nous avons sous les yeux
et qui font partie du deuxième fascicule de l'ouvrage. Or, en août 1843, à Saqa, M. d'Abbadie
n'avait à sa disposition d'autre moyen de joindre
par azimut le Gojjam à Saqa qu'en employant ces
gisements du faux mont Amara, vu de Gurem le
27 avril de la même année. Une erreur de dénomina-
tion est si facile à commettre quand on observe des
signaux naturels éloignés dont il faut demander les
noms aux guides indigènes qui sont non-seulement
ignorants, mais souvent même menteurs. Les deux
montagnes, dont il s'agit, sont éloignées de Gurem d'à peu près 60 minutes d'arc (milles géographiques), Balballa est un peu plus près, de 2 milles
environ, et plus haut de 133 mètres que Tullu
Amara; le vrai mont Amara est situé d'environ
16 degrés plus vers l'ouest que le mont Balballa ou
Pseudo-Amara vu de la station de Gurem, comme
il est facile de s'en assurer par les positions sui-
vantes, prises dans le *Résumé*, en diminuant les
longitudes de 0′,90 d'après les calculs de M. Radau,
annoncés dans la préface :

	Latitude.	Longitude.
Gurem I.	10° 6′,97	35° 22′,49
Amara	9 10 ,57	34 58 ,08
Balballa.	9 21 ,25	34 45 ,06

Il était donc facile de s'y tromper, à une époque
où les matériaux étaient encore incomplets et à l'état
de noyau dans leur écorce. L'erreur dans le nom du
signal en entraîne nécessairement une autre de
16 degrés sur l'azimut vrai du mont Amara vu de
Gurem, ce qui fait une différence de 18 minutes en-
environ, en moins, dans la longitude de ce pic ; et
une différence d'à peu près 40 minutes en moins
dans la longitude du point où la trajectoire, passant
par Gurem et Amara, rencontre le parallèle de Saqa. Ajoutez à cela les 12 minutes dont la longitude
fondamentale, assumée d'après Bruce, était déjà trop
faible, et vous aurez une erreur de 52 minutes dans
la longitude de Saqa , erreur qui s'explique aujour-
d'hui de la façon la plus naturelle du monde. Si le
pic Balballa n'avait pas été pris pour Tullu Amara,
et si la longitude de Gurem avait été plus exacte-
ment connue , M. d'Abbadie serait donc arrivé à
34° 32′ environ au lieu de 33° 40′ pour la méridienne
de Saqa, qui est, en définitive, de 34° 38′, ou de
6 minutes seulement plus forte.

Qu'on se place dans le rôle d'un ingénieur qui
irait faire la carte d'un pays quelconque de l'Europe, et qui serait obligé de s'en rapporter pour les
noms des endroits, des montagnes, etc. , au dire des
gens du pays dont il ne comprendrait qu'avec peine

le langage. Vous montrez à votre guide un sommet
lointain, enveloppé dans les brumes de l'horizon, et
qu'il aperçoit à peine à l'œil nu; serait-ce chose inouïe
s'il se trompait une fois sur deux en vous nommant
la sommité dont vous lui auriez indiqué la direction? Et qu'on songe encore à la diversité des langues qui se parlent sur deux versants opposés d'une
chaîne, et à la duplicité, à la triplicité des noms qui
en est la conséquence; et l'on trouvera très-naturel
que le voyageur se voie obligé d'enregistrer des résultats contradictoires, en remettant leur discussion
à un travail postérieur, dont la partie la moins épi-
neuse n'est certes pas la critique des noms.

Mais ces difficultés n'empêchent pas que les résultats définitifs ne soient bons; elles augmentent seulement dans une proportion effrayante, le travail de ré-
daction et de réduction des observations. M. d'Abbadie a remporté d'Éthiopie 325 tours d'horizon faits au
théodolite, plus un qui a été exécuté sur une plan-
chette succédanée d'un graphomètre, au haut du
rocher de Bora où se trouve la source de la rivière
Uma, principal tributaire du fleuve Blanc. De ces
tours d'horizons, 223 ont été orientés par le soleil,
un par la lune, le reste par la construction des cartes
même; une partie en a été réduite, en voyage, par
M. d'Abbadie lui-même. Ces relèvements, au nombre de 4,750, ont été ensuite groupés, dans les *azimuts ordonnés*, suivant l'ordre alphabétique des stations; l'on y trouve, pour chaque station, les azimuts
vrais des signaux, ordonnés dans le sens du mouve-

ment d'une aiguille sur son cadran, en commençant toujours par le nord et allant par l'est, le sud et l'ouest, ce qui est commode pour l'arrangement des cartes géographiques. En regard des azimuts, on donne les apozénits, les distances mesurées dans la carte, et les renvois aux tours d'horizon originaux. Les noms sont écrits en lettres pointées ou barrées qui, évidemment, représentent la prononciation propre aux langues de ces pays. Nous espérons que M. d'Abbadie en donnera l'explication dans la préface ; mais nous doutons que cette reproduction scrupuleuse ait été nécessaire. Du reste, cela regarde M. d'Abbadie, qui s'est déjà fait connaître comme orientaliste distingué par le catalogue de ses manuscrits éthiopiens et par la traduction de l'un de ces manuscrits, intitulé *Hermæ Pastor*, qui vient d'être publié avec le texte original par la Société orientale d'Allemagne.

Les latitudes observées par ce voyageur sont au nombre de soixante ; la plupart résultent d'un nombre considérable de hauteurs circumméridiennes du soleil. Les observations originales des latitudes ainsi que celles des angles horaires ne sont pas données, sans doute par économie. Nous aurions préféré voir *toutes* les observations originales imprimées dans la même forme qu'elles ont dans les manuscrits de voyage ; cependant, comme ces derniers aussi bien que les volumes contenant les calculs de réduction, seront déposés à la bibliothèque de l'Institut pour être consultés par tout le monde, l'inconvénient est moindre qu'il ne paraît au premier abord. Parmi les exemples donnés au long pour mieux expliquer le calcul des latitudes, nous trouvons quelques observations du premier voyage de M. d'Abbadie à Saqa, et une note de M. Radau relative à deux observations de la lune envoyées alors en Europe par M. d'Abbadie, mais qui n'avaient pas encore été examinées jusqu'à ce jour. «En déduisant de ces observations la *longitude* de Saqa, dit M. Radau (page 44), j'ai reconnu qu'il fallait changer la lecture originale 146° 51′ 30″ en 146° 52′ 30″. La première des deux observations de la lune donne 2 h. 18 m. 46 s. pour la longitude de Saqa; la seconde observation donnerait environ 10 m. ou 2° 30′ de moins, sans la correction de +1′ dans la lecture du cercle vertical; avec cette correction, au contraire, elle donne 2 h. 18 m. 13 s. Ainsi nous avons :

Par la 1ʳᵉ observ. . . . . 2ʰ 18ᵐ 46ˢ = 34° 41′,5
——— 2ᵉ observ. . . . . 2 18 13 = 34 33,2

Moyenne. . . 34 37,4

Ou bien, à 0′,2 près, la même longitude que nous avons trouvée par la géodésie. Certainement ce bel accord n'est qu'une coïncidence heureuse, puisque les observations, ayant été faites trop près du méridien, ne sont pas favorables au calcul de la longitude par les apozénits. Mais il est toujours vrai que les observations du 5 août 1843 donnent pour la longitude de Saqa le meilleur résultat de toutes les observations lunaires, lorsqu'on fait la petite correction proposée plus haut. L'hypothèse que j'ai faite, est d'ailleurs confirmée par le calcul de la latitude qui serait venue = 8° 12′ 8″ par l'observation originale, tandis qu'on la trouve maintenant = 8° 11′ 38″, ce qui est la moyenne entre les résultats des observations d'Antarès faites le même jour, savoir 8° 11′ 36″ et 40″. » Nous avons transcrit cette note pour montrer, par un exemple de plus, combien la critique postérieure des observations de voyage, qui ne sont pas contrôlées par la répétition et par la comparaison, est toujours nécessaire.

Les coïncidences heureuses n'arrivent d'ailleurs qu'à ceux qui relatent leurs travaux avec soin et vérité. En envoyant de Saqa, en septembre 1843, ses premières observations faites dans Inarya, M. d'Abbadie a fourni une preuve mathématique de sa présence alors dans ces contrées lointaines. Par un rare concours de circonstances, l'observation du 5 août 1843 donnait à la fois la longitude et la latitude. Les chiffres originaux de cette observation, imprimés dès leur arrivée à Paris par les soins de notre Société de géographie, étaient sous les yeux du critique anglais, qui a eu soin de ne pas les discuter. Mais nous avons hâte de quitter ce sujet pénible.

Pour trouver la longitude, M. d'Abbadie ne s'est guère servi du transport des chronomètres, moyen peu sûr lorsqu'on ne peut pas employer toutes les précautions requises pour une opération si délicate. Les longitudes absolues de la carte sont basées principalement sur huit occultations d'étoiles par la lune,

observées à Adwa, dont les résultats offrent un très-
grand accord entre eux ; le tableau des occultations
calculées en contient en tout 22. On y donne les résultats du calcul d'après les anciennes tables lunaires, à côté des résultats que M. Radau a obtenus par
l'emploi des tables de M. Hansen ; il est très-remar-
quable que la différence des deux résultats dépasse
dans quelques cas 20 secondes; elle va même jusqu'à 25 secondes de temps ou 6 minutes d'arc ! Dans
les occultations d'Adwa, ces différences tabulaires
sont d'ailleurs, heureusement, peu sensibles. L'oc-
cultation d'Incatkab (Antchetkab) a été observée
par le célèbre voyageur allemand, M. Rüppell, en
1832 ; la longitude du lieu, donnée par M. Rüppell
comme déduite de l'immersion observée par lui, était
trop forte d'une minute en temps d'après la nouvelle
carte de M d'Abbadie; or, chose remarquable,
M. Radau a trouvé, en recalculant l'observation originale, qu'elle s'accorde fort bien avec la carte, et
que l'ancien calcul était en erreur de la quantité en
question (page 83).

M. d'Abbadie a encore employé, pour la détermi-
nation des longitudes, deux autres moyens beaucoup
moins certains que les occultations, et il a cette fois
publié toutes les observations originales : ce sont les
hauteurs de la lune, et ses distances au soleil ou aux
étoiles. Les hauteurs lunaires paraissent donner des
résultats meilleurs que ceux des distances ; cette méthode, proposée depuis longtemps, est avantageuse
surtout dans les pays intertropicaux, puisque son

incertitude augmente avec la latitude, et c'est là peut-être la raison pourquoi elle n'a pas été essayée avant M. d'Abbadie. Il est à regretter que ce voyageur n'ait pas multiplié davantage ses hauteurs lunaires ; nous n'en trouvons d'observées qu'à Gondar et à Saqa, mais les écarts entre les résultats de chaque observation prise séparément, sont bien inférieurs à ceux qui arrivent dans les séries des distances ; là, les écarts sont assez souvent de quelques minutes en temps ou d'un degré en arc ; et même les écarts entre les moyennes de différentes séries vont jusqu'à un degré dans le cas le plus défavorable (à Saqa), et dans les observations faites au commencement du voyage ; il faut donc dire que les résultats des distances lunaires de M. d'Abbadie sont assez mauvais, en comparaison de ceux des hauteurs, où les écarts sont presque toujours au-dessous de 10 minutes en arc. Heureusement, on pouvait se dispenser de l'usage de ces distances dans la fixation des longitudes, puisqu'on avait à sa disposition des résultats infiniment plus certains.

Cependant, le désaccord des distances observées à Saqa a été aussi relevé et employé comme argument contre M. d'Abbadie ; à cet égard, il nous semble utile d'examiner un peu l'origine de ces erreurs, et de montrer combien l'histoire des voyages en offre d'exemples analogues.

Les distances lunaires envoyées en Europe par M. d'Abbadie dans sa lettre du 16 septembre 1843, avaient été faites avec un cercle réflecteur à répétition, désigné dans l'ouvrage sous le nom de cercle rouge, à cause de la boîte d'acajou où il était enfermé. La division du limbe était de 20 en 20 minutes, les verniers accusaient les 20 secondes. Mais une vérification du vernier principal a révélé que sa division n'avait pas la longueur voulue, et que toutes les lectures de cet instrument devaient, par suite, recevoir une certaine correction dépendant du chiffre de la minute observée ; cette correction n'était pas encore connue à M. Daussy lorsqu'il a calculé, pour la première fois, deux des séries de distances brutes qui étaient données par M. d'Abbadie ; c'est probablement pour cela qu'il trouva un résultat assez différent de celui qui est donné actuellement à la suite des mêmes observations. Mais il y a une autre remarque fort importante à faire ; nous la prenons à la page 8 de la *Géodésie d'Éthiopie* : « Dans le cercle blanc, comme dans le cercle rouge, la partie extérieure du limbe qu'on serre dans la pince pour fixer les alidades, était polie, passée au vernis et parconséquent glissante. Ceci produit quelquefois un petit mouvement des pinces sur le limbe quand on renverse l'instrument, et toutes les fois du moins que les pinces n'ont pas été serrées très-fortement. Cette omission arrive souvent aux observateurs qui, comme moi, manient leurs instruments avec beaucoup de délicatesse. Il peut surgir de là une erreur très-dangereuse quand je n'ai pas pris la précaution de faire la lecture après chaque retournement, etc., etc. » En effet, les marins savent que les cercles répétiteurs à pinces de calage sont ordinairement plus sûrs quand ils sont déjà un peu rouillés, ce qui augmente le frottement des pinces.

Le cercle rouge avait un diamètre de 248 milli·mètres, sa circonférence était donc de 780 millim.; elle était divisée en 720 degrés, comme l'est celle de tous les cercles à réflexion, afin que la lecture donne immédiatement la distance angulaire des deux objets qu'on observe, laquelle est toujours le double de l'écartement des deux miroirs dirigés vers ces mêmes objets. Un degré de la distance équivalait donc sur la division du limbe à 1,08 millim., et une minute à un 55e de millim. environ. Par conséquent, un glissement imprévu de la pince, sans dépasser une quantité si minime, produisait une erreur d'une minute sur la distance mesurée. Or, une minute dans la distance lunaire équivaut, au moins, à 2 minutes de temps, ou à 30 minutes d'arc dans la longitude, ainsi qu'on peut s'en assurer par les coefficients que le *Nautical Almanack* donne toujours en regard des distances lunaires calculées pour chaque année. Il en résulte qu'un dérangement de la pince, égal à un 30e de millim. environ, c'est-à-dire à un tiers de l'épaisseur d'un cheveu très-fin, devait déjà causer une erreur de un degré entier sur la longitude déduite d'une distance lunaire observée au cercle rouge. Il nous semble qu'il suffit de cette réflexion pour expliquer les écarts fâcheux qui existent entre les résultats des distances lunaires de M. d'Abbadie, pris séparé-

ment ; mais il sera bon de rappeler que des désac-
cords pareils ne sont pas sans exemple dans les
observations des voyageurs astronomes. Nous avons
examiné les résultats analogues qui se trouvent
consignés dans le *Voyage en Amérique* d'Alexandre
de Humboldt, dont la partie astronomique a été
rédigée par Oltmanns, ouvrage qui a tant de rap-
ports avec la *Géodésie d'Éthiopie* de M. d'Abbadie,
rédigée par M. Radau. Prenons d'abord une série
de quatre distances observées par M, de Humboldt
à Mexico. Les résultats pour la longitude de cette
place sont les suivants :

$$6^h\ 47^m\ 59^s$$
$$6\ \ 48\ \ \ 2$$
$$6\ \ 47\ \ \ 3$$
$$6\ \ 44\ \ 22.$$

La longitude adoptée en définitive par Oltmanns,
est $\qquad 6^h\ 45^m\ 42^s$

Comme on le voit, l'écart entre les deux extrêmes
est de 3 m. 40 s. en temps, ou de 55 m. d'arc. Il
est vrai que cette série est qualifiée de médiocre
par l'illustre observateur lui-même ; cependant elle
montre à quelles erreurs ce genre d'observation
peut donner lieu si les circonstances ne sont pas
favorables. On sait, du reste, que les distances sont
un des moyens les plus grossiers de trouver la longitude à cause de la difficulté purement pratique de
donner aux observations la précision indispensable
pour la bonté du résultat. Un exemple encore plus

frappant est offert par la longitude de Quito. Les
valeurs déduites des distances lunaires varient entre
5 h. 24 m. et 25 m., les résultats extrêmes sont 5 h.
22 m. 57 s. et 5 h. 26 m. 7 s., dont la différence est
de 3 m. 10 s. ou de 48 minutes d'arc. Néanmoins,
l'ensemble des observations de M. de Humboldt
donne une moyenne extrêmement probable, qui est
5 h. 24 m. 18 s.,5 en temps, ou 81° 5′ 38″ en arc. Eh
bien, il y a une série de distances de Jupiter à la
lune, qui a dû être exclue de la discussion de la longitude de Quito, parce que le résultat se trouve
= 5 h. 38 m. 14 s., c'est-à-dire trop fort de 2 degrés
environ. La longitude de la même ville avait été
déterminée aussi par les académiciens français qui
dirigeaient la mesure du degré de la méridienne du
Pérou ; Bouguer la donna = 80° 15′, c'est-à-dire
trop faible de 50 minutes ; La Condamine l'indiqua
= 81° 22′, plus forte de 1° 7′ que son confrère ; ce
dernier résultat qui était en erreur de 17 minutes,
fut gravé sur une table de marbre destinée à éter-
niser les principaux résultats de la grande expédi-
tion. Neuf ans plus tard, d'Anville fixa la longitude
de Quito à 80° 30′ d'après les données que lui avait
fournies La Condamine lui-même ; Ulloa enfin l'é-
gala à 80° 40′. Tous ces savants, cependant, avaient
coopéré aux travaux géodésiques du Pérou. Ces
exemples célèbres sont bien propres, il nous semble, à montrer le danger qu'il y a toujours à accep-
ter sans contrôle des observations de voyage isolées.
L'ouvrage de M. de Humboldt peut d'ailleurs nous

fournir aussi des points de comparaison pour l'in-
fluence des tables sur les résultats des réductions ;
les longitudes provisoirement calculées par les
éphémérides du *Nautical*, et celles qui résultent de
l'emploi des tables de Bürg ou des observations correspondantes de Greenwich, auxquelles Oltmanns
eut recours plus tard, s'écartent entre elles jusqu'à
23 minutes d'arc ; les latitudes présentent des écarts
analogues qui vont jusqu'à deux minutes. Qu'on
nous pardonne d'insister sur ces détails ; nous avons
voulu répondre une bonne fois aux tiraillleries de
certaines gens qui n'ont pas attendu, pour critiquer une partie des voyages de notre auteur, qu'il
la publiât d'abord avec tous les détails. Nous atten-
dons avec impatience la seconde moitié de l'ouvrage, où l'on promet de donner les itinéraires de
tout ce remarquable pèlerinage scientifique.

Encore quelques mots sur le reste des observations contenues dans le premier volume. Les hauteurs au-dessus du niveau de la mer, déduites des
observations du baromètre et de l'hypsomètre, n'ont
pas une grande valeur comme données absolues,
parce que l'on ne disposait pas d'observations correspondantes, et qu'on était réduit à des hypothèses
plus ou moins probables sur l'état du baromètre et
du thermomètre au niveau de la mer. La formule
d'Atkinson, donnant les variations de la tempéra-
ture suivant l'altitude, n'est qu'une approximation
dangereuse ; et même pour le baromètre, M. Mar-
tins vient de montrer, dans un des derniers numé-

ros de la *Bibl. univ. de Genève*, combien les variations horaires de la pression atmosphérique influent sur les hauteurs calculées même par des observations correspondantes. Un accident très-regrettable a privé M. d'Abbadie des états barométriques et thermométriques qu'il fit observer chaque jour à Muçaua, au niveau de la mer Rouge, pendant qu'il pénétrait dans l'intérieur du pays ; aussi les altitudes déduites de ses observations hypsométriques, n'ont-elles été données que pour la comparaison avec les altitudes obtenues pour la geodésie, au moyen des distances et des apozénits. Les altitudes contenues dans le *Résumé* seront diminuées de 60 mètres environ, pour les réduire au niveau de la mer Rouge sur les bords de laquelle ont été faites plusieurs des stations de cette liste.

Comme on trouve, d'ailleurs, dans la *Géodésie d'Éthiopie* l'exposé, souvent très-détaillé, des méthodes d'observation ou de calcul, avec de nombreuses tables auxiliaires, cet ouvrage nous paraît destiné à prendre rang parmi les traités d'astronomie pratique. Nous signalerons ici les tables pour le calcul des hauteurs correspondantes du soleil, celles pour la réduction des latitudes, pour le calcul des occultations, pour l'évaluation des bases acoustiques, et enfin les tables hypsométriques.

Nous n'avons rien dit des positions contenues dans le *Résumé géodésique*, et dont on trouve huit dans la *Conn. des temps* pour 1862, parce que nous attendrons la publication des cartes elles-mêmes.

Toutefois, nous avons essayé de nous rendre compte de l'étendue de ces dernières, par une sorte de superposition des points principaux de cette longue série (de 831 noms) sur la carte de France. Nous avons trouvé qu'on peut représenter :

Le fortin Ras Mudir (dans Moçaua).	par Calais.
La ville de Adoua, en Tigray. . .	par Bolhard (entre Rouen et Dieppe).
Gondar, la capitale d'Abyssinie. .	par Château-Gontier.
Innamora, en Gojjam.	par Saintes.
Yajibe, en Gojjam.	par St-Fort (rive droite de la Gironde).
Saqa, en Inarya.	par Bayonne.
Bonga, en Kaffa.	par Estella, en Navarre.
Le mont Hotta, en Kaffa.	par Caparroso, *ibid.*
Le mont Wosho, en Kaffa. . . .	par un point près Zuera, à 4 lieues au nord de Saragosse.

Le mont Wosho domine, par sa hauteur de plus de 5000 mètres, les montagnes connues de l'Afrique, et toutes celles de l'Europe. Sa cime doit être quelquefois couverte de neige, comme l'est parfois, d'après une note de M. d'Abbadie, celle du mont Buahit en Bagemdir, dont la hauteur est de 4,500 mètres environ au-dessus du niveau de la mer Rouge.

X.....y

www.ingramcontent.com/pod-product-compliance
Lightning Source LLC
Chambersburg PA
CBHW070756210326
41520CB00016B/4724